NO PUDE EVITAR PREGUNTARME...
Carrie

POP
CORN

NO PUDE EVITAR PREGUNTARME...

GUÍA NO OFICIAL DE SEXO EN NUEVA YORK

Emma Lewis

Ilustraciones de CHANTEL DE SOUSA

LUNWERG EDITORES

TE DAMOS LA BIENVENIDA A NUEVA YORK

El 6 de junio de 1998 se estrenó en HBO el primer episodio de Sexo en Nueva York. La serie se centraba en Carrie, Charlotte, Miranda y Samantha, tres mujeres solteras de treinta y pico y una de cuarenta y pico que vivían en Manhattan y hablaban abiertamente de sexo y de sus relaciones con los hombres, sin tapujos y de una forma graciosa, nunca vista hasta entonces en nuestras pantallas.

Aunque *Sexo en Nueva York* era, en muchos sentidos, una comedia, no se podía encasillar como una simple comedia de situaciones de la vida diaria. A lo largo de sus seis temporadas, conduce a los espectadores en un viaje hilarante pero sincero, a medida que las cuatro protagonistas buscan el amor y la felicidad en un mar de salidas con personas inadecuadas, dramas con exnovios y relaciones sexuales complicadas. Si bien es posible que nos haya entretenido y escandalizado con sus momentos más estrafalarios, también nos ha inculcado lo poderosos que pueden ser los vínculos entre mujeres y que, para muchas de nosotras, la familia moderna es la que tú escoges. *Sexo en Nueva York* trata de la amistad.

La serie recibió numerosos galardones durante sus seis temporadas, como siete Emmy (entre ellos el de Mejor serie de comedia) y ocho Globos de

> TAL VEZ NUESTRAS AMIGAS SEAN NUESTRAS ALMAS GEMELAS Y LOS HOMBRES SOLO SIRVAN PARA DIVERTIRNOS.

Oro (entre ellos el de Mejor serie de televisión en la categoría de Musical o Comedia). Las actrices también fueron premiadas de forma individual. Sarah Jessica Parker ganó el Emmy como Mejor actriz principal en el 2004 y cuatro Globos de Oro como Mejor actriz de serie de televisión en la categoría de Musical o Comedia. Kim Cattrall ganó el Globo de Oro como Mejor actriz de reparto de serie, miniserie o telefilme en el 2003.

Ya han pasado más de dos décadas desde que se emitió el episodio piloto y, si bien es posible que parte del contenido de la serie no haya envejecido demasiado bien, no cabe duda de que se la recordará como un clásico de la televisión único y pionero.

Este libro es un cariñoso homenaje a las cuatro mujeres más fantásticas de Manhattan, y se lo dedico a Bridie Doyle, gran fan de *Sexo en Nueva York* y quien me proporciona mi dosis diaria de Samantha, Charlotte, Carrie y Miranda en una sola persona.

TE PRESENTO A CARRIE BRADSHAW

UN MOMENTO TÍPICO DE CARRIE

Cuando se cae en la pasarela, vestida de Dolce & Gabbana, en un desfile de moda con fines benéficos, aunque al final consigue salir airosa.

Carrie Bradshaw es una columnista de éxito y una mujer de la ciudad que vive el sueño de Nueva York. Sabemos lo que piensa a través de lo que escribe en su columna para *The New York Star*, llena de detalles jugosos sobre los hombres con los que sale y sobre proezas sexuales, tanto las suyas como las de sus tres mejores amigas.

Carrie es de lo más independiente y, para ella, sus mejores amigas son su familia. Aunque mantiene el equilibrio entre su autosuficiencia y su sueño de encontrar la relación perfecta, a menudo parece buscar el amor en los lugares inadecuados. Si bien cada vez se vuelve más cínica acerca del amor y el matrimonio, nunca renuncia del todo a encontrar al «hombre de su vida».

Le encanta la moda y tiene una fijación por gastarse el sueldo en carísimos zapatos de tacón. Cuenta que cuando empezaba a tratar de salir adelante en Manhattan solía comprarse *Vogue* en lugar de algo para cenar. En un momento de la serie se espanta al darse cuenta de que con lo que se ha gastado en zapatos podría haber dado la paga y señal para comprar un apartamento.

A lo largo de la serie la vemos evolucionar de columnista de un periódico a superestrella editorial. Mientras que su carrera marcha viento en popa, su vida sentimental se parece más a una montaña rusa. Aunque al final encuentra el amor verdadero en Big, pasa mucho tiempo hasta que la relación funciona. A lo largo de la serie Carrie sale con algunos tíos estupendos –como tú, Aidan– y también con algunos bastante lamentables –como tú, Berger–, pero al final siempre es Big quien le roba el corazón.

LOS HOMBRES Y LOS ZAPATOS:

HAN DE ENCAJAR COMO UN GUANTE

Los hombres se parecen mucho a los zapatos. La mayoría de nosotras pensamos que los necesitamos, pero cuesta encontrar el número adecuado y muchas veces tenemos que deshacernos de ellos cuando aparece una opción más práctica. Deja que Carrie Bradshaw te guíe a través de los distintos estilos que tendrás que probar antes de encontrar el que te quede como un guante.

El tacón de aguja de Manolo Blahnik

El tacón de aguja de diseño exclusivo es atrevido, vistoso y llama mucho la atención. Te prometerá la luna y tiene, como respaldo, el tique de 1.100 dólares, sin posibilidad de devolución. Tal vez te arrepientas un poco a la mañana siguiente y lo apartes de tu vista por un tiempo, pero sabes que no tardarás en redescubrirlo y repetirlo todo otra noche… al menos hasta que aparezca el modelo de la temporada siguiente.

Un zapato de salón fiable: el *pump* de Chloé

Es fiable, básico y, seguramente, seguirá siendo adecuado la próxima temporada y también la siguiente. Día tras día, nunca te defraudará, pero tienes que reconocerlo: no revolucionará la pista de baile y puede que no sea la mejor opción para la alfombra roja. Jamás te criticarán por llevarlo, pero tampoco vas a destacar en medio de la multitud.

El mocasín de Tod's de color beis

El mocasín es cómodo, sencillo y, claro está, de color beis. Te llevará del trabajo a una cena temprana en su Prius blanco, pero es probable que tenga que acostarse pronto, porque al día siguiente tiene una reunión de trabajo importante. Puede que sea práctico entre semana, cuando nada más resulta adecuado, pero los mocasines no resultan demasiado útiles durante el fin de semana.

La zapatilla para correr de alto rendimiento de Nike

Es probable que se haya pasado la mañana en el gimnasio, admirándose delante del espejo. Es robusta, fuerte y adecuada para mudarte a tu piso nuevo, pero ¿no es demasiado informal? Si bien cumple una noble función, es probable que haya que reemplazarla cada seis meses o después de un uso excesivo a corto plazo.

La chancla Havaiana

La chancla es lo más parecido a un calzado desechable. Siempre que la necesites podrás encontrar una chancla, pero si desaparece de la entrada de tu casa después de usarla una o dos veces no se te partirá el corazón. Es cómoda, sencilla y, por lo general, barata, y todas necesitamos una de vez en cuando, pero no se recomienda darle un uso excesivo. Además, es probable que no sea buena para tu postura.

TE QUIERO, PERO ME QUIERO MÁS A MÍ.

TE PRESENTO A SAMANTHA JONES

UN MOMENTO TÍPICO DE SAMANTHA

Cuando hace realidad la fantasía de su bombero al ponerse el uniforme pero se queda en paños menores porque los llaman para apagar un incendio y alguien del equipo necesita que le devuelvan el uniforme.

Samantha Jones lo tiene todo. Dirige su propia empresa próspera de relaciones públicas, dispone del atuendo perfecto para cada ocasión y es capaz de conseguir de improviso una mesa en cualquier restaurante de Manhattan. Se describe como «try-sexual» (lo prueba todo al menos una vez) y, para ella, el sexo y salir con hombres es un deporte del cual es la campeona mundial.

Samantha es la mayor del grupo, aunque su edad exacta se mantiene en secreto hasta que, en la segunda película de *Sexo en Nueva York,* celebra su quincuagésimo cumpleaños. Protege con fiereza a sus amigas y jamás se erige en juez de ninguna. Ellas confían en Samantha, seguras de que nunca les echará en cara sus decisiones. Aunque algunas veces puede exhibir una sinceridad brutal, también es muy amable y hará cualquier cosa por sus amigas, como sacrificar una cita exclusiva en la peluquería si acabas de dar a luz y llevas siete días sin salir de casa.

Samantha posee la seguridad en sí misma que la mayoría de nosotras anhelamos. Como dijo en una ocasión: «Si me preocupara por lo que dice de mí cada arpía de Nueva York, ¡no saldría de casa jamás!». Se acuesta con quien le da la gana, gasta su dinero como se le antoja y no le pide permiso a nadie para tomar decisiones sobre su vida. Aunque su determinación férrea es puesta a prueba cuando su novio, Richard, la engaña y le parte el corazón, para vengarse ella embadurna con su nombre, literalmente, toda la ciudad, llenándola de carteles en las que lo llama mentiroso y tramposo.

Su mayor desafío se le presenta cuando tiene que luchar contra un cáncer de mama, al que se enfrenta con su naturalidad habitual y de forma realista. En un momento impactante, pronuncia un discurso increíble en una cena benéfica destinada a recaudar fondos para la lucha contra el cáncer, durante el cual se arranca la peluca y alienta a las demás mujeres presentes a hacer lo mismo. Si bien el tratamiento le provoca la pérdida del deseo sexual y empieza a cuestionarse a sí misma, al final vuelve a ponerse en forma y reanuda sus aventuras en la cama.

Una y otra vez, Samantha demuestra que la edad no es más que un número y que la confianza en una misma es lo más importante. Por eso y por su habilidad para lucir un traje amarillo chillón, le rendimos homenaje.

EL SEXO Y LAS CITAS EN NUEVA YORK SEGÚN LAS DÉCADAS

¿Alguna vez te has preguntado cómo era tener citas y relaciones sexuales en otros tiempos? Pues bien, aquí hay una mujer que ha hecho y ha visto casi de todo. La inimitable Samantha Jones será tu guía en un recorrido a lo largo de las cinco últimas décadas para descubrir cómo era salir en pareja.

La década de 1970

Vale, lo reconozco: ¡yo ya practicaba sexo en aquella década! Me introduje en el sexo a finales de la década de 1970, aunque muchos dirían que el sexo se introdujo en mí. Resulta que el «amor libre» del que tanto se hablaba en la década de 1960 en realidad se dio en la década siguiente, cuando todo el mundo follaba como loco. Para obtener mi primera orientación sexual consulté el ejemplar de mis padres de *El placer del sexo,* un libro lleno de bocetos de parejas peludas y de instrucciones detalladas. Lo único que sé es que en 1979 yo ya había probado todas las posturas del libro, antes de tener mi primera relación seria.

Una experiencia sexual típica de la década de 1970: parar a mitad del encuentro sexual para volver a pintarme los labios de blanco, mirándome en el espejo retrovisor del coche de mi novio.

La década de 1980

En la década de 1980 me fui a vivir a la ciudad de Nueva York, de modo que siempre la recordaré con cariño. Dediqué los primeros años a trabajar duro como camarera y aún más duro entre las sábanas. Con el correr de la década, conseguí mi primer puesto de verdad en relaciones públicas y me incorporé al lujoso ambiente nocturno hedonista que imperaba en Manhattan antes del crac. En aquel entonces, todos los hombres con los que me acostaba se parecían a los extras de la película *Wall Street*. A finales de la década de 1980 los mercados se habían desplomado, pero yo estaba alcanzando mi apogeo sexual.

Una experiencia sexual típica de la década de 1980: perder buena parte de mi cabellera mientras practicaba sexo en un *jacuzzi* en la azotea debido a una permanente espantosa que me habían hecho aquella mañana.

La década de 1990

A comienzos de la década de 1990 era imprescindible practicar sexo seguro y hubo que adaptar las citas a los tiempos que corrían. No usar condón era impensable y a mí ya me iba bien, porque, como son inmediatos y fáciles de usar y de tirar, los preservativos resultan muy útiles cuando surge la posibilidad de colar un encuentro atrevido entre dos reuniones.

En la década de 1990 me centré en mi carrera y estaba de lo más ocupada, así

que empecé a dar más importancia a la calidad que a la cantidad. De todos modos, siempre conservaba en mi Filofax una lista de teléfonos de hombres fiables, por si por la noche quería llamar a alguien para follar. En esta década conocí a algunos hombres increíbles, aunque jamás pude comprometerme con nadie que esperara que cumpliera el papel de esposa, de modo que, mientras que muchas otras mujeres de mi edad dieron el sí, yo me concentré en dirigir mi empresa de relaciones públicas y, además, en divertirme todo lo posible.

Una experiencia sexual típica de la década de 1990: que en un concierto de Nirvana me follara entre bambalinas un periodista de rock que estaba como una cuba y me confundió con Madonna.

La década del 2000

Con el milenio recién estrenado comenzó una época nueva en cuanto al sexo y las citas en la ciudad de Nueva York. De pronto, todo el mundo tenía un teléfono móvil y lo normal era estar conectados. A finales de esta década, llamar por teléfono o –peor aún– dejar un mensaje en un buzón de voz se volvieron reliquias del pasado. Los mensajes de texto se convirtieron en la nueva forma de comunicarse, y con ellos llegó un nuevo lenguaje y un nuevo protocolo. Ver la confirmación de lectura sin recibir ninguna respuesta era la nueva versión del «no me llamó», y tu mejor amiga tenía la obligación de impedir que enviaras un mensaje a tu ex durante una noche de fiesta y borrachera.

Una experiencia sexual típica de la década del 2000: dejar colgado a un tío en pleno coito, tras darme cuenta de que él pensaba que yo era la madre de Paris Hilton.

La década del 2010

Al comienzo de la década del 2010 estaban de moda los *jeggings* –no me preguntes por qué–, pero no el vello púbico. Fuimos testigos del advenimiento de los *smartphones* con cámaras, que aportaron una dimensión adicional al sexteo, y, de pronto, aparecieron infinidad de páginas de contactos que facilitaron el ligoteo. También fue la década que finalizó con Gwyneth Paltrow alentándonos a introducirnos un huevo de jade en la vagina, después de darle un baño de vapor, para que no todo fuera jauja.

Una experiencia sexual típica de la década del 2010: revelar mi reciente depilación brasileña a un pretendiente desprevenido en el transbordador de Staten Island. Se cayó por la borda.

SI ME PREOCUPARA POR LO QUE DICE DE MÍ CADA ARPÍA DE NUEVA YORK, ¡NO SALDRÍA DE CASA JAMÁS!

> ¡LA ÚNICA COSA PEOR QUE TENER TREINTA Y CUATRO AÑOS Y ESTAR SOLTERA ES TENER TREINTA Y CUATRO AÑOS Y ESTAR DIVORCIADA!

TE PRESENTO A CHARLOTTE YORK

UN MOMENTO TÍPICO DE CHARLOTTE

Mientras Carrie reflexiona para sus adentros sobre cómo es posible que Charlotte sea tan perspicaz como el dalái lama, Charlotte pregunta si a alguna le parece que el pelo le ha quedado demasiado brillante.

Charlotte York es la personificación de la joven neoyorquina privilegiada, de sangre azul, en su hábitat natural: Park Avenue.

A menudo se la describe como superficial y algo estirada, pero adora a sus amigas y tiene un corazón de oro. Por su educación no está demasiado en contacto con la realidad, pero ellas lo remedian enseguida, porque jamás se cortan cuando tienen que hacerle poner los pies sobre la tierra. Se la presenta como la mojigata del grupo, aunque una vez se enamoró de su propio vibrador y se lio con el jardinero de su madre detrás de unos rosales. No obstante, Charlotte es la única capaz de hacer callar a las demás cuando se ponen a hablar de sexo a voz en cuello durante el *brunch*.

Charlotte creció en Connecticut y asistió a clases en el Smith College, donde estudió Arte, con Finanzas como asignatura secundaria. Su educación la llevó a Nueva York, donde le fue bien trabajando como marchante de arte, y soñaba con abrir algún día su propia galería. Por sus valores tradicionales y su deseo de ser madre, abandonó su carrera al casarse con Trey. Cuando las cosas no van bien con él, encuentra su gran amor en un sitio inverosímil: Harry, el abogado que se encarga de su divorcio. Aunque Harry no se ajusta a la imagen del marido con el que Charlotte siempre ha soñado, le atrae su innegable encanto y se enamora de él en cuanto empiezan a salir. Como muestra de su dedicación a encontrar el amor verdadero, se convierte al judaísmo cuando Harry le dice que él solo se puede casar con una judía.

Lamentablemente, Charlotte sigue teniendo problemas de fertilidad cuando trata de concebir un hijo con Harry y sufre un aborto espontáneo poco después de la boda. Entonces adoptan a Lily, y la familia se agranda aún más cuando, milagrosamente, Charlotte concibe a Rose unos años después. Si sumamos a su encantadora perra, Elizabeth Taylor, y a un montón de cachorrillos, Charlotte finalmente consigue la familia con la que siempre ha soñado.

CÓMO ENCONTRAR AL HOMBRE PERFECTO... Y CONSERVARLO

Charlotte York busca al marido perfecto desde que empezó a tener citas, a los quince años. Aunque su camino hacia el amor verdadero y la felicidad tal vez no haya sido tan sencillo como preveía la joven Charlotte, no cabe duda de que ha aprendido una o dos cosas. Aquí tienes algunos de los mejores consejos de Charlotte para encontrar al hombre perfecto... ¡y conservarlo!

Busca en los lugares adecuados

No busques hombres en sitios a los cuales no irías ni loca por tu cuenta. Puede que un bar deportivo esté lleno de hombres solteros, pero si ni se te ocurre meterte en el Madison Square Garden un viernes por la noche, entre veinte mil fans gritones, busca un lugar más adecuado para encontrar el amor. Yo elegiría la inauguración de una galería de arte o una exposición canina Crufts.

No es oro todo lo que reluce

Mi regla de oro para salir con hombres es no limitarse a un solo tipo. Cuanto menos flexible sea tu lista de características, menos probable es que exista un individuo así en el mundo real. Yo solía pensar que solo me casaría con un hombre que fuera alto, rico, al que le gustaran los niños y que tuviera una carrera exitosa y satisfactoria, pero ahora me doy cuenta de que el hecho de que un hombre sea alto no importa en lo más mínimo.

Tómatelo con calma

Aunque te parezca un marido en potencia desde la primera vez que claves la vista en él, procura no apresurarte. Cometí este error con mi primer esposo, porque me interesaba más llevarlo a la iglesia que llegar a conocerlo de verdad. Recuerda que te despertarás a su lado el resto de tu vida, así que dedica bastante tiempo a averiguar si es un monstruo insensible o, peor aún, si mastica con la boca abierta.

El encuentro con su madre

Las cosas van en serio y empiezas a pensar que la relación podría tener futuro. Todo va de maravilla hasta que, de sopetón, te propone ir a comer con su madre. Nadie sabe mejor que yo que esto puede tener sus bemoles y es un paso de lo más importante si quieres que tu vida matrimonial transcurra sin altibajos. Recuerda sonreír, ser amable y aceptar todo lo que ella diga, mientras con delicadeza le quitas de las manos el juego de llaves extra del apartamento de tu novio.

La boda

Por fin ha llegado el gran día con el que siempre has soñado, pero no permitas que el afán de perfección te aparte del verdadero sentido de esta fecha. Recuerda que una boda en realidad tiene que ver con dos personas que se declaran su amor, como parte de un contrato con validez jurídica, delante de 250 invitados y con una cena que cuesta 300 dólares por cabeza. No te exijas demasiado para que todo salga exactamente como quieres, aunque se trate del día más importante de tu vida y todas las personas que significan algo para ti estén pendientes de ti.

A por el anillo

Cuando decidas que no puedes vivir sin él, habrá llegado el momento de dar un paso más. Si empiezas a sospechar que se te va a declarar, asegúrate de estar siempre radiante, para que no te pille cuando no estés en tu mejor momento. Yo me preocupé por tener las manos perfectas todos los días durante seis meses, mientras esperaba que Harry me pidiera que me casara con él. ¿No sabes qué color elegir? Haz lo que te dicte el corazón y recuerda que, como dijo una vez la reina Isabel, las únicas que se pintan las uñas de rojo son las prostitutas.

La felicidad conyugal

Cuando se acaba la luna de miel, a veces cuesta mantener la chispa. Asegúrate de tener siempre presente un objetivo común y así nunca se os acabarán las cosas que os entusiasmen a los dos. Por ejemplo, Harry y yo dedicamos tres semanas a elegir el lugar perfecto para nuestras dos parcelas funerarias adyacentes. ¡Muy romántico!

SALGO CON CHICOS DESDE QUE TENGO QUINCE AÑOS. ESTOY AGOTADA. ¿DÓNDE ESTÁ ÉL?

QUIERO DISFRUTAR DE MI ÉXITO, NO DISCULPARME POR ÉL.

TE PRESENTO A MIRANDA HOBBES

UN MOMENTO TÍPICO DE MIRANDA

Miranda se percata de que «él no está interesado» y se siente absolutamente invencible, pero enseguida se queda abatida por completo al ver a su exnovio con otra mujer.

Miranda Hobbes es una abogada de éxito y viene a ser el ejemplo perfecto de una personalidad de tipo A. Nació en Filadelfia, estudió en Harvard y fue la primera de las cuatro en comprarse un apartamento y comenzar una familia, al tiempo que conseguía ser socia de una prestigiosa firma de abogados.

Miranda tiene el hábito de ser brutalmente sincera, un rasgo de su carácter que sus amigas aprecian pero del cual, de vez en cuando, podrían prescindir. No lo hace con mala intención: lo que pasa es que no tiene tiempo para seguirles la corriente y prefiere ir al grano.

También es de lo más cínica con respecto al romanticismo y al hecho de encontrar el amor verdadero. A pesar de su trayectoria conservadora y su vida reglamentada, no es ninguna mojigata en cuestiones de sexo y de salir con hombres y siempre ha sido muy activa. Una vez reconoció que había estado con 42 hombres, cuya calidad oscila entre Aaron, el desagradable malhablado, y el encantador, aunque olvidable, Skipper.

Cuando Miranda conoce al barman Steve Brady es evidente que los une algo especial. Steve es de clase trabajadora, no está centrado en su carrera profesional y siempre está contento: es lo opuesto a Miranda en muchos sentidos. A pesar de sus diferencias, hay entre ellos una química innegable. Dejan de verse cuando Miranda decide que sus divergencias son insuperables, pero se vuelven a encontrar una y otra vez. Al final tienen un hijo juntos (Brady) y más adelante se casan y compran una casa para la familia.

En cada grupo de amigas hace falta una Miranda que aporte consejos sinceros, inteligencia y estabilidad. ¿Quién sino Miranda podría proporcionarte asesoramiento jurídico y, al mismo tiempo, decirte que tienes el culo demasiado gordo para ponerte esos pantalones de cintura alta?

CÓMO TENERLO *CASI* TODO

Miranda Hobbes sabe bastante sobre conciliar una carrera profesional con la familia sin perder del todo la chaveta. Es la primera en reconocer que resulta casi imposible mantener un equilibrio perfecto, pero ofrece algunos consejos para las que quieren tenerlo todo.

Busca a alguien que lo entienda

Es totalmente imposible tener una familia y llevar adelante una carrera sin un compañero que aporte en casa. A la mierda los compañeros que «ayudan» y se limitan a echar una mano en lo que pueden. No necesito a un hombre que haga de canguro de sus propios hijos, sino a alguien que esté por la labor. Esto quiere decir que los dos hacéis sacrificios y os comprometéis para que las cosas vayan bien, aunque eso signifique renunciar durante cinco años a jugar al baloncesto o a pasarte dos horas diarias leyendo en la bañera.

Aprovecha al máximo tu jornada laboral

Para muchas de nosotras, volver a trabajar después de tener un hijo es irrenunciable. No se trata de una cuestión económica: reemprender el trabajo te brinda la oportunidad de volver a ser tú misma en medio de un mar de falta de sueño, pañales y toallitas para bebés. Tienes que aprovechar el tiempo que pasas en la oficina para reservarte un rato para ser tú misma, aunque solo sea para tomar un café y quedarte mirando a lo lejos durante cinco minutos. Comer en el trabajo también puede ser tu única oportunidad de no zamparte algo de pie junto al fregadero o la trona, conque aprovéchala para echarte entre pecho y espalda algo que no sean los cereales del desayuno.

Haz planes para el futuro

Es fácil que nos quedemos atrapadas en el yugo diario y nos concentremos solo en llegar a la meta para poder desplomarnos en el sofá con una copa de vino y algo de telebasura. Muy pronto las semanas empiezan a pasar volando, y sin que te des cuenta han pasado los años y lo único que te queda es una cara que parece un guante de béisbol. Aunque soy la primera en reconocer que no se me da muy bien eso de tomarme un descanso, creo que siempre conviene tener planificadas unas vacaciones familiares para contar con algo que todos esperemos con ansias.

Resérvate un momento solo para ti

¿Qué parte del día es la más importante para ti? Para algunas mujeres, cuidarse consiste en levantarse quince minutos antes de lo habitual para practicar yoga. Para otras, salir de una reunión a las cinco en punto para llegar a casa a tiempo para ver una reposición de *Anatomía de Grey* mientras comen una bolsa gigante de Doritos. Yo sé cuál de las dos opciones me funciona y también lo saben mis pantalones de yoga, que llevan cuatro años colgados en el armario, aún con las etiquetas puestas.

Cuando todo se va al garete

Si sientes que te esfuerzas por mantenerte a flote, recuerda que nadie puede tenerlo todo. Agradece lo que tienes, sé consciente de que tus sacrificios valen la pena y, si todo lo demás falla, enciérrate en el dormitorio y adminístrate helado y culebrones hasta que los síntomas desaparezcan.

SOLTERA EMPEDERNIDA: DISFRUTA DE LA VIDA QUE LLEVAS

¿Te entristece la soltería? ¿Te da la impresión de que todo el mundo está en pareja y se siente cómodo y calentito mientras que tú ni siquiera eres capaz de mantener vivas tus plantas de interior? Presta atención a las sabias palabras de unas campeonas mundiales de la soltería como Carrie, Samantha, Charlotte y Miranda y nunca más volverás a sentirte mal por estar sola.

CARRIE:

Aprovecha la oportunidad que te brinda el hecho de ser soltera. Aunque otras tal vez se conformen con un segundón, puedes enorgullecerte de ser muy exigente con tus amistades y tu diversión y de pasar el tiempo como te da la gana. Casarse no es como el juego de las sillas, en el que te da miedo ser la última que se queda de pie. ¿Y si eliges a don No Está Mal y después aparece don Perfecto?

CHARLOTTE:

¿Quién dice que solo una pareja romántica puede ser nuestra alma gemela? Si tus mejores amigas son tus almas gemelas, jamás estarás sola. Si para ti un día perfecto consiste en un *brunch* con tus mejores amigas y una tarde con tu vibrador, vas muy bien encaminada hacia el progresismo (y los orgasmos múltiples).

MIRANDA:

Alguna vez todas hemos perdido un tiempo y una energía preciosos en una relación que no iba a ninguna parte. Aprende lo antes posible a interpretar las señales de que no les interesas y aléjate enseguida, para no perder tu dignidad. Si tarda dos días en responder a tus mensajes, borra su número de teléfono. Si ya lo has memorizado, dale el teléfono a alguna amiga unos días y hazle prometer que, cuando le supliques que te lo devuelva, lo meterá en el microondas.

SAMANTHA:

Estas sabias palabras resultan de lo más útiles si te preguntas por qué a veces todo parece tan verde al otro lado de la valla. Recuerda que no es oro todo lo que reluce en Instagram. Que sepas que las parejas cuyas vidas parecen las más perfectas en las redes sociales son, probablemente, las que no se hablan hace dos semanas porque no se ponen de acuerdo sobre de qué color pintar el comedor. ¡Qué aburrido!

SAMANTHA:

Renuncia ahora mismo a la idea de encontrar la pareja perfecta. No te pases la vida buscando desesperadamente al próximo hombre imposible que, en realidad, no existe. No examines a cada pretendiente como un posible don Perfecto; basta con que sea don Está Bien Por Ahora.

CARRIE:

Concéntrate en aceptarte y quererte antes de entregarle tu amor a otra persona. Solo se respeta a quienes se respetan a sí mismos, conque ponte a trabajar en la relación con la persona más importante de tu vida: tú.

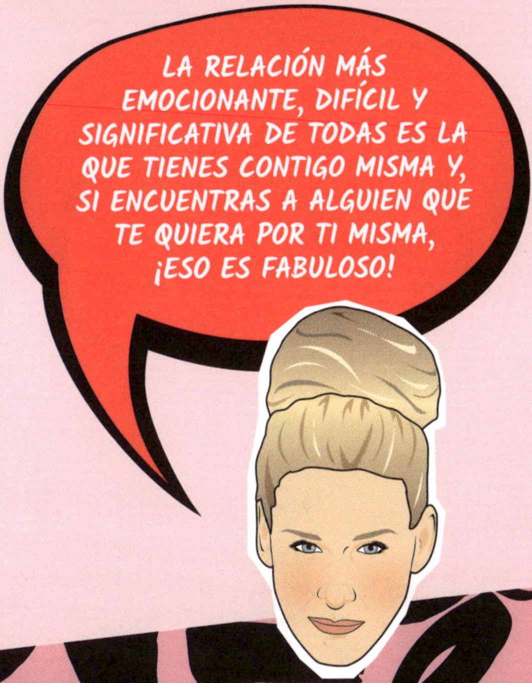

TE PRESENTO A MR. BIG

UN MOMENTO TÍPICO DE MR. BIG

Cuando entrega 400 dólares al conductor de un coche de caballos en Central Park para que circule por la calzada y así Carrie pueda llegar a tiempo al hospital para estar con Miranda cuando dé a luz.

Mr. Big es el clásico macho alfa neoyorquino. Es un empresario de éxito, seguro de sí mismo y desenvuelto, e irradia un tipo de encanto del que Carrie siempre pide más. A pesar de su encanto, no parece tener demasiados amigos íntimos y prefiere pasar la mayor parte del tiempo en compañía de compañeros de trabajo o, simplemente, solo en casa.

Lo vemos por primera vez cuando se detiene en la calle para ayudar a Carrie a recuperar el contenido del bolso que se le ha caído. Despierta la curiosidad de Carrie y empiezan a encontrarse por casualidad en distintos acontecimientos sociales, hasta que Big le sugiere que se encuentren a propósito y empiezan a salir.

Salen juntos un tiempo, pero enseguida se hace patente que Big no es aficionado a los compromisos a largo plazo. Siempre mantiene cierta distancia y acaban rompiendo. Por eso Carrie se lleva una sorpresa mayúscula cuando descubre que se ha comprometido con Natasha, una joven de veintiséis años, después de cinco meses de noviazgo. La aversión de Big al compromiso se confirma cuando, siete meses después, engaña a Natasha con Carrie.

En ocasiones, Big parece el malo en la vida de Carrie, aunque en muchos sentidos es su puntal. Si bien no cabe duda de que Carrie se enamoró perdidamente de él desde el principio, no comprendemos la profundidad de ese amor mutuo hasta que Big tiene un problema de salud y acaba en el hospital para someterse a una operación de corazón. Carrie no puede hablar del tema sin echarse a llorar y, cuando le dan el alta, se ocupa de cuidarlo y pasan juntos unos días muy especiales, como si fueran una pareja que llevase casada muchos años. Si bien Big vuelve a ser el de antes y sale corriendo en cuanto se siente mejor, queda claro a partir de entonces que significa más para Carrie de lo que ella misma pensaba.

Después de años de reanudaciones y separaciones, al final acaban juntos, aunque con montones de altibajos que pondrían a prueba la determinación de cualquier mujer. Big lo resume perfectamente en el último episodio, cuando dice: «He tardado mucho en llegar hasta aquí, pero aquí estoy».

¿PODRÍAS HACERME EL FAVOR DE PENSAR, AUNQUE SOLO SEA DURANTE UN SEGUNDO, QUE TAL VEZ YO NO SEA UN CABRÓN?

TE PRESENTO A STEVE BRADY

UN MOMENTO TÍPICO DE STEVE BRADY

Cuando Miranda está convencida de que su exnovio, Robert, sigue enamorado de ella y Steve le sigue la corriente, a pesar de que poco antes ha pillado a Robert enrollándose con otra mujer.

Steve Brady es el típico habitante de Brooklyn de clase trabajadora. Le gustan el baloncesto, el béisbol y Billy Joel. Además, es amable, divertido y relajado e irradia un encanto irresistible hasta para Miranda Hobbes.

Cuando lo conocemos trabaja detrás de la barra de un bar y corrige con gentileza los malos modales de Miranda. Siguen bromeando un buen rato, hasta que una cosa conduce a otra y acaban en la cama.

Mientras que Miranda es una abogada ambiciosa y decidida, Steve se conforma con su vida sencilla de camarero y no tiene grandes aspiraciones. A pesar de sus diferencias, Steve se enamora perdidamente de Miranda, aunque ella siempre guarda las distancias por considerar que son demasiado distintos y, por lo tanto, incompatibles para una relación duradera.

Al final rompen, pero se enrollan una noche, cuando Steve se está recuperando de su cáncer testicular. A pesar de su «ovario gandul», Miranda se queda embarazada y Steve es el padre. Al principio tratan de funcionar como padres solteros y hasta consiguen tener nuevas parejas, pero hay algo que los sigue atrayendo. Finalmente se vuelven a juntar en la fiesta del primer cumpleaños de Brady, para gran regocijo de Magda, el ama de llaves, que ha estado conspirando todo el tiempo para que llegara tan feliz desenlace.

Steve y Miranda acaban casándose y ella, a pesar de su gran afición a Manhattan, accede a mudarse a Brooklyn para que puedan vivir en una casa con patio. Aunque la vida les presenta unos cuantos desafíos, Steve logra sacar lo mejor de Miranda, quien encuentra la felicidad gracias al amor incondicional de Steve.

TE PRESENTO A AIDAN SHAW

UN MOMENTO TÍPICO DE AIDAN

Cuando Carrie está desesperada por salir pero Aidan solo quiere sentarse en su sillón a comerse un cubo de pollo frito y después le pide que le frote la barriga porque ha comido demasiado.

¿Es Aidan Shaw «el que se fue» más querido de la televisión? Reconozcamos que cuando Aidan entró en la vida de Carrie todas nos enamoramos de aquel macizo fabricante de muebles. Ella lo conoce cuando va a una tienda con su mejor amigo, Stanford, para «comerse con los ojos a algunos artesanos».

Aidan es creativo y sensible y prefiere quedarse en casa en lugar de salir a pasear por la ciudad. A diferencia de Carrie, le encantan los grandes espacios abiertos y posee una cabaña rústica justo a las afueras, donde le gusta pasarse los días fabricando cosas, ocupándose del jardín y, supuestamente, tallando madera en el porche.

Las diferencias entre Carrie y Aidan son notorias desde la primera cita, cuando Aidan descubre con asombro que Carrie fuma. El cigarrillo es un motivo de ruptura para Aidan. Carrie le resta importancia, diciendo que solo fuma de vez en cuando y que puede dejarlo en cualquier momento. Renunciar a sus amados Marlboro Light le cuesta más de lo que ella pensaba y, cuando se levanta anticipadamente de una cena para calmar su mono de nicotina, Aidan sale y se la encuentra fumando la mitad de un pitillo húmedo que ella misma había arrojado a la alcantarilla.

Nos enteramos de que la cosa debe de ir en serio cuando Carrie recurre a los parches de nicotina para continuar la relación con Aidan. Él parece tener todo lo que Carrie necesita, pero ¿es Aidan todo lo que Carrie quiere de verdad? A pesar de sus numerosos encantos, siempre hay algo que la aleja de él. Tal vez sea que Aidan es el capitán Sensato, mientras que Carrie es un espíritu libre que nunca hace planes a muy largo plazo. ¿O habrá en juego alguna otra fuerza, en forma de un ex al que Carrie no consigue olvidar?

No tardamos en averiguarlo cuando Carrie vuelve a sus viejos hábitos y acaba en la cama con Big, que sigue casado con Natasha. Cuando Carrie le confiesa su infidelidad, Aidan se queda desolado y la deja. Al final, vuelve con ella y se van a vivir juntos, después de comprar el apartamento de ella y el de al lado para construir su nido de amor.

Aunque se han comprometido a vivir juntos, Carrie alucina cuando Aidan le propone matrimonio. No está preparada para semejante compromiso y él no está dispuesto a esperarla. Rompen y esta vez es definitivo.

TE PRESENTO A HARRY GOLDENBLATT

UN MOMENTO TÍPICO DE HARRY

Cuando Harry se muda al apartamento inmaculado de Charlotte y se sienta en su perfecto sofá de cuero blanco con el culo al aire.

Charlotte conoce a Harry en el bufete de su abogado cuando se está divorciando de Trey, pero él no le deja una primera impresión demasiado buena. En muchos sentidos, Harry es todo lo que Charlotte piensa que no quiere: es gritón, odioso y suda, literalmente, sobre los documentos de su divorcio. Sin embargo, tiene algo que despierta su curiosidad.

Al principio, Charlotte rechaza las insinuaciones algo torpes de Harry, pero, en un momento de debilidad, cede, y cuando él le está mostrando el piso de un amigo acaban juntos en la cama. Al día siguiente, ella sale a comer con sus amigas y reconoce que acaba de tener el mejor polvo de su vida con un hombre al que apenas soporta.

Charlotte y Harry se siguen viendo, aunque ella dice que solo porque funcionan muy bien en la cama. Sin embargo, ¿es Harry realmente un candidato para Charlotte? Tarda un poco, pero, después del fin de semana que pasan en los Hamptons, ella se da cuenta de que tal vez el encantador y carismático Harry sea todo lo que anhela. Cuando ella por fin reconoce sus sentimientos, él se pone la mar de contento, pero hay un gran obstáculo que les impide dar el paso siguiente y es que Harry solo quiere casarse con una judía.

Dándole una auténtica prueba de su amor, Charlotte se convierte al judaísmo para ser una candidata adecuada para Harry. Como es típico en ella, se obsesiona tanto con el proyecto que lo ahuyenta durante una cena judía tradicional que ha preparado para él. Rompen y Charlotte se queda desolada. Cuando parece que ya no volveremos a verle el pelo, Charlotte se tropieza con Harry en una noche para solteros en una sinagoga. Se dan cuenta de que aún quieren estar juntos y se casan enseguida, en una graciosa ceremonia gafada en la que todo lo que puede salir mal sale mal.

ME OLVIDÉ DE DECIRTE
ALGO POR TELÉFONO.
TE QUIERO.

TE PRESENTO A SMITH JERROD

UN MOMENTO TÍPICO DE SMITH

Lo descubrimos cuando aparece totalmente desnudo en una obra de Broadway.

Como no podía ser de otra manera, hacía falta un hombre muy especial para domesticar el corazón salvaje de Samantha Jones. Aparece en su vida Smith Jerrod, un actor desconocido supersexi que, además, es camarero en el restaurante nuevo más famoso de Manhattan. En una prueba de resistencia, Samantha es la última que aguanta hasta que acaba el turno de Smith y su premio consiste en llevárselo a casa para pasar la noche entre las sábanas.

Smith y Samantha hacen muy buena pareja, pero ¿son demasiado diferentes? Él es dos décadas más joven que ella, no bebe y no consume drogas. Dejando aparte la pulcritud de su vida, el rasgo que más le cuesta aceptar a Samantha es su deseo de compromiso. Cuando no están haciendo el amor, a Smith le gusta hablar de sus sentimientos, pero Samantha prefiere la informalidad y mantiene la distancia, aunque no tanta como para echarlo de su cama.

Al final, Samantha empieza una relación con Smith y prueba la monogamia, aunque el mero hecho de hacer manitas en público le resulta violento al principio. Mientras tanto, Smith alcanza la fama de forma meteórica y se le presentan todas las trampas que la acompañan, incluida una cola interminable de mujeres que quieren acostarse con él. Sin embargo, él solo tiene ojos para Samantha y le sigue siendo fiel, incluso cuando ella lo engaña con Richard.

Smith es el puntal de Samantha cuando ella enferma de cáncer y hasta se rapa la cabeza para solidarizarse con ella cuando se le cae el pelo. El amor y los cuidados de Smith durante la crisis de Samantha consolidan aún más su relación. Cuando la fama de Smith se dispara Samantha se muda con él a Los Ángeles, pero acaban separándose porque él está tan ocupado que Samantha se deja tentar por otros hombres. Su separación es, tal vez, la más amistosa de todas las de la serie y Samantha regresa a Nueva York para estar con sus amigas.

PERDONA, PERO SI UN HOMBRE TIENE MÁS DE TREINTA AÑOS Y ESTÁ SOLTERO, ALGO MALO LE PASA. ES UNA CUESTIÓN DARWINIANA. O LOS ELIMINAN O SIRVEN PARA PROPAGAR LA ESPECIE.
NOSOTRAS SOLO SOMOS DIFÍCILES DE CONTENTAR.

VALE.
Y NOSOTRAS,
¿QUÉ?

LOS EX

LO SIENTO.
NO PUEDO.
NO ME ODIES...

A lo largo de seis temporadas, las protagonistas de Sexo en Nueva York tuvieron unos cuantos novios. Algunas elecciones fueron lamentables; otras tenían mucho potencial, pero, quién sabe por qué, no llegaron lejos. Los ex que mencionamos aquí van desde los auténticos sinvergüenzas hasta los que rozan la perfección, pero todos figuran en la lista por la influencia que tuvieron en ellas o por lo memorables que fueron.

BERGER

Al principio, Berger parecía perfecto para Carrie. Era guapo, divertido y un escritor talentoso, y daba la impresión de que no le molestaba reírse de sus propios defectos. Aunque Carrie le causa rechazo al principio, cuando se conocen en los Hamptons y ella no puede parar de divagar sobre la ruptura con Aidan, al final se enganchan cuando vuelven a Nueva York.

A pesar de que las relaciones sexuales no hacían temblar la tierra, Carrie advierte el potencial de Berger. La primera señal de alarma de que algo no va bien es la reacción que él tiene cuando Carrie lee su libro. Si bien por lo general lo alaba, Carrie se ríe de Berger porque dice que uno de los personajes lleva una goma para el pelo, y él se pone frenético. Puede que Carrie se pasara un poco, pero quizá él fue demasiado susceptible. La segunda señal de alarma fue tan enorme que resultó nefasta para los dos: se puso tan celoso del éxito de Carrie como escritora que no pudo soportarlo más y cometió el pecado mortal de darle la patada dejándole una nota en un pósit. ¡Ay!

STEPHAN

Al principio, Charlotte no piensa en Stephan como posible candidato, porque está convencida de que es gay. En cierto modo se entiende, porque siempre va muy bien arreglado, es encantador y es un reconocido chef de pastelería de Chelsea.

Una noche, un beso de despedida se convierte en algo más y Charlotte descubre, con sorpresa y emoción, que en realidad Stephan es heterosexual. Empiezan a salir y durante un tiempo da la impresión de que tal vez Stephan sea el hombre perfecto… hasta que aparece un ratón en la cocina, cuando están preparando la cena, y Stephan se pone frenético. Entonces Charlotte pierde todo el interés. Fue una pena que, para ella, aquello fuera un motivo de ruptura, porque podría haber sido muy feliz con un hombre guapo y un sinfín de pasteles durante el resto de su vida.

DOCTOR ROBERT LEEDS

Robert y Miranda empiezan una relación amorosa cuando él se muda al mismo edificio que ella y se produce el chispazo. Robert es guapo, un triunfador, y se enamora perdidamente de Miranda. Todo va bien en la pareja hasta que Robert se presenta con un par de pizzas, pero entonces lo llaman del hospital por una urgencia médica. Miranda abre la segunda caja de pizza y alucina cuando encuentra una galleta enorme con el texto «Te quiero». Justo cuando pensamos que Miranda y Robert han superado el incidente de la galleta comprometedora, Miranda decide que quiere estar con Steve y se reencuentran en el lavadero durante la fiesta del primer cumpleaños de Brady. Al principio, Robert está desolado y se producen algunos encuentros incómodos con la nueva pareja en el vestíbulo. Sin embargo, no nos apenemos demasiado por el querido Robert, a quien vemos por última vez con una misteriosa desconocida el día que Steve se muda al edificio de Miranda. ¡Tal vez no se quedó tan desconsolado tras el rechazo de Miranda, después de todo!

ALEKSANDR PETROVSKY

Aleksandr y Carrie se conocen una noche, cuando los dos asisten a la *performance* de una artista. Aunque él es dos décadas mayor que ella, Aleksandr despierta la curiosidad de Carrie, que se enamora de sus encantos únicos, como su propensión a cenar de madrugada, a trabajar en instalaciones luminosas a las cuatro de la mañana y a tener amigos altivos que son incapaces de sentir alegría. Cuando Aleksandr se tiene que trasladar a París para preparar una gran exposición de su obra, le propone a Carrie que vaya con él. A pesar de su renuencia inicial, al final Carrie decide jugarse el todo por el todo y acompañarlo al extranjero, mal que les pese a sus amigas, a quienes Aleksandr nunca acaba de caerles simpático. Como era de esperar, las cosas no mejoran en París y, tras huir de un malentendido que acaba en una bofetada accidental, Carrie se topa con Mr. Big en el vestíbulo del hotel. Un momento realmente demoledor para Carrie no tarda en convertirse en un encuentro absurdo en el que ella, para impedir que Big suba corriendo las escaleras para «darle su merecido a ese ruso», tropieza con él y lo hace caer. Los dos se ponen histéricos y se dan cuenta de que están hechos el uno para el otro, mientras los espectadores que los contemplan desde las salas de estar de todo el mundo los aclaman.

RICHARD WRIGHT

Solo un tipo determinado de hombre es capaz de llamar la atención de Samantha Jones durante más de cinco minutos, por no hablar de despertar su interés en mantener una relación de verdad. Aparece Richard Wright, un próspero magnate hotelero de buen ver e indudable encanto. En muchos sentidos, Richard es la versión masculina de Samantha. Justo cuando ella se entrega a él por completo y le declara su amor, su intuición le advierte de que algo no está bien y descubre que él la engaña. Es la primera vez que vemos el lado sensible de Samantha y todos nos regocijamos cuando ella le da la patada y lo deshonra por toda la ciudad repartiendo octavillas. Señores, ¡no se metan con esta mujer!

TREY MACDOUGAL

Trey era perfecto para Charlotte en casi todos los sentidos: un médico guapo, de familia adinerada y con propiedades en Park Avenue que clamaban por los elegantes manteles y la exquisita porcelana de Charlotte. Al principio, Trey parecía tener el pedigrí perfecto, pero –y que esto nos enseñe a no esperar a la noche de bodas para acostarnos con alguien por primera vez– ella descubre que no se le levanta. A pesar de su espanto, Charlotte decide seguir adelante con la boda, pero la situación no mejora para los recién casados. Debido, en parte, a la frialdad de Trey con respecto a sus problemas de fertilidad y a su dominante madre, Bunny, Charlotte pide el divorcio y vive feliz a partir de entonces, porque, gracias a sus esfuerzos, consigue cien metros cuadrados con vistas al parque.

EL YANKEE

Hemos de reconocer que el Yankee, Joe Starr, es el candidato perfecto para una cita cuando una mujer quiere vengarse. Cuando rompe la relación con Big debido a que él tiene fobia a cualquier tipo de compromiso, Carrie congenia con Joe, después de atrapar una bola en un partido de los Yankees y de ir a verlo al vestuario. Joe llega en el momento ideal para Carrie, que necesita una diversión sexi para recuperarse de Big, cuyos celos se hacen patentes cuando se topa con Carrie y Joe en una fiesta.

Aunque los sueños de venganza se alimentan de momentos así, la relación es tan efímera como probable es que sea cierto el consejo de Charlotte a Carrie: que en olvidarse de un ex se tarda la mitad de lo que ha durado la relación.

SKIPPER

Pobre Skipper. Este creador de páginas web y romántico incorregible se enamora perdidamente de Miranda cuando Carrie los presenta, pero la relación está condenada al fracaso desde el principio. Aunque él es más joven que ella, a Miranda le atraen su positivismo incansable y su visión romántica del mundo. Aunque a ella solo le hace algo de gracia, Skipper se enamora locamente y trata de hacer cualquier cosa para complacerla. Su actitud posesiva aleja aún más a Miranda, y Skipper acaba por rendirse y empieza a salir con otra persona.

Después, Miranda se lo piensa mejor y decide llamarlo. Aunque él está en la cama con otra mujer, responde a la llamada con entusiasmo y planta a su nueva novia en pleno polvo para tener la oportunidad de volver a estar con Miranda. Después desaparece de la serie, posiblemente porque Miranda se olvida por completo de que existe.

WADE, EL PORRERO

De acuerdo, Wade no era un candidato a largo plazo, pero no cabe duda de que era divertido y satisfizo la necesidad inmediata de Carrie cuando la relación con Aidan llegó a su fin porque ella se había acostado con Big. ¿A quién no le gustaría salir con un tío guay que se conforma con colocarse y comer pollo frito? Además, también tiene acceso a un apartamento estupendo (en realidad era de sus padres) y a todos los cómics que te puedas imaginar y hayas querido leer. Carrie se aleja de Wade cuando él le dice a su madre que el alijo de marihuana que ha encontrado es de Carrie y no suyo. Quién sabe qué habrá sido de Wade. A lo mejor sigue viviendo con su madre y yendo en monopatín a la tienda de cómics todos los días. No importa, Wade: siempre te recordaremos con cariño.

¿CON QUÉ PERSONAJE DE LA SERIE TE IDENTIFICAS?

¿Eres Miranda en lo laboral pero Carrie en lo social? ¿Eres Charlotte en la calle pero Samantha en la cama? Responde a estas preguntas para descubrir con cuál de las protagonistas de *Sexo en Nueva York* te identificas.

1 ¿Cómo serían las vacaciones de tus sueños?

A. Una semana con mi marido y mis hijos en nuestra casa de los Hamptons.

B. Quedarme en casa, en Nueva York.

C. Un fin de semana en un hotel de cinco estrellas, solo yo, una televisión y acceso ilimitado a internet.

D. Una orgía de tres días y dos noches.

2 Describe lo último que has comido:

A. Una ensalada de la huerta.

B. Un polo y tres cigarrillos.

C. Los aros de espagueti en salsa de tomate que sobraron, mientras salía de casa..

D. *Sashimi,* después de hacer el amor.

3 Describe tu mayor derroche en cuestiones de moda:

A. Una diadema con diamantes incrustados de 21.000 dólares en una subasta benéfica.

B. Unos Mary Jane de Manolo Blahnik.

C. Unos zapatos negros de salón de 900 dólares.

D. Un conjunto de pezoneras y tanga con lentejuelas de Tiffany & Co.

4 ¿Cuál era tu hobby en la adolescencia?

A. Tomar clases de adiestramiento de caballos en Connecticut.

B. Salir a pasear en el Trans Am de mi novio.

C. Estudiar para los exámenes finales.

D. Studio 54.

5 ¿Cuál es tu placer culpable?

A. Pasar de la dieta y comerme otro *rugelach*.

B. Pasar de que tengo que entregar un trabajo y salir de compras.

C. Pasar de los correos electrónicos.

D. Pasar del hombre esposado a mi cama.

6 Describe tu idea de la mejor noche en casa:

A. Una comida casera, servida en la vajilla de porcelana de nuestra boda.

B. Catorce cigarrillos y después salir, de todos modos.

C. Un culebrón británico y un cubo de pollo frito.

D. Cena para uno y sexo para tres.

7 ¿Cómo le dirías a una amiga que el tío con el que está saliendo es espantoso?

A. No le diría nada. Discretamente, le propondría una salida con alguien mejor.

B. No le diría nada de frente, pero lo escribiría en mi columna.

C. Le diría sin ambages que el tío es un asco.

D. Le hablaría mal del tío, le compraría a mi amiga un vibrador nuevo y esperaría que captara la sutileza.

8

¿A qué revista estás suscrita?

A. *El Semanario de Manteles Bordados.*
B. *Aficionados a los Marlboro Light.*
C. *El Compendio de los Culebrones.*
D. *El Vibrador Exigente.*

9

Describe a tu hombre perfecto:

A. Motivado, maduro, millonario.
B. Chapado a la antigua, de la vieja escuela, de familia adinerada de toda la vida.
C. Incorruptible, independiente, inmediato.
D. Bien relacionado, bien apreciado, bien dotado.

10

¿Me llevas al aeropuerto?

A. Le diré a Jeeves que traiga el coche.
B. Claro que sí, pero no tengo coche y mi carné de conducir acaba de caducar.
C. ¿Te parece que tengo tiempo para llevarte al aeropuerto?
D. Una vez follé sobre la pista del JFK durante un apagón.

MAYORÍA de A

TE PARECES MUCHO A CHARLOTTE

Has terminado la carrera con una especialización en Bellas Artes y con Imaginación como asignatura secundaria. Eres mesurada y estable y tus amigas dependen de ti para muchas cosas, aunque a veces puedes parecer algo superficial. Una vez te pasaste dos horas mirándote al espejo, quejándote de que tenías los ojos demasiado brillantes.

POR FAVOR, NO USES ESA PALABRA EN VERA WANG.

ME GUSTA TENER EL DINERO DONDE PUEDA VERLO: COLGADO EN MI ARMARIO.

MAYORÍA de B

TE PARECES MUCHO A CARRIE

Eres creativa, divertida y te gusta mucho la moda. Tus amigas se fían de tus consejos, aunque tú no sueles hacerle demasiado caso a tu sabiduría interior. Una vez quedaste segunda en un concurso de camisetas mojadas, después de volcarte encima un orange julius mientras hacías cola para comprar entradas para un concierto.

MAYORÍA de C

TE PARECES MUCHO A MIRANDA

Eres inteligente, sensata y directa a rajatabla y tus amigas te respetan por eso. A veces puedes ser algo intensa. Tu plan a diez años en realidad está compuesto por cinco planes distintos a dos años cada uno, con su correspondiente fecha de vencimiento. Una vez te olvidaste de llevar un boli al juzgado y usaste un delineador para firmar un documento judicial importante.

ÉL ME MIRABA
A LOS OJOS.
YO BUSCABA EL
MANDO A DISTANCIA.

HOLA.
MI NOMBRE ES
FABULOSA.

MAYORÍA de D

TE PARECES MUCHO A SAMANTHA

Has visto de todo y nada te sorprende. Sabes lo que quieres y la manera de conseguirlo y siempre te las ingenias para repicar y andar en la procesión. Una vez te ingresaron en el hospital por quemaduras por fricción después de una sesión maratoniana de sexo sobre una alfombra de pelo largo y rugoso.

VAMOS A VER, EN PRIMER LUGAR, ESA IDEA DE QUE SOLO PUEDE HABER UN HOMBRE DE TU VIDA... ¡ES QUE ME DAN GANAS DE PEGARME UN TIRO! ME GUSTARÍA PENSAR QUE TODOS TENEMOS MÁS DE UN ALMA GEMELA.

CLARO QUE SÍ. YO HE TENIDO CENTENARES.

¡LA MODA! LA VUELTA AL VESTIDO

Desde el primer episodio, en *Sexo en Nueva York* se ha dado mucha importancia a la moda, con un vestuario a menudo extravagante. Los conjuntos que las protagonistas lucían cada semana muchas veces eran algo intermedio entre las pasarelas y la calle mayor, y fans del mundo entero los imitaban con fervor. La serie dio a conocer muchas marcas de moda de alta costura y, gracias a la obsesión de Carrie por los tacones de diseño, se popularizó el nombre de Manolo Blahnik.

La diseñadora de vestuario Patricia Field fue la genio que creó los conjuntos que lucían las estrellas de *Sexo en Nueva York*. Field ganó montones de premios cuando trabajaba para la serie, entre ellos un Emmy al Mejor vestuario para una serie y varios premios del gremio de diseñadores de vestuario.

A menudo se atribuye a Carrie Bradshaw el mérito de poner algo de moda, y muchas de las tendencias que impulsó siguen en vigor hoy en día. Ella sola llevó el abdomen al nuevo milenio, y se le atribuye la reaparición del sujetador visible, el bolso Baguette y hasta la humilde riñonera. También se debe a Carrie el resurgimiento de las faldas de tul y de los corpiños con flores enormes.

Aunque las espectadoras a menudo se han sentido atraídas por el último *look* de Carrie, Samantha, Charlotte y Miranda han tenido, cada una, su propio estilo y una forma de vestir que las identifica que definieron la moda de finales de la década de 1990 y principios de la del 2000, de modo que, tanto si te identificas con Samantha como si eres una Charlotte con algo de Miranda, sigue leyendo para averiguar la ropa y los accesorios que tienes que llevar para parecerte a tu estrella favorita de *Sexo en Nueva York*.

PARA PARECERTE A CARRIE

ESTILO INFORMAL

La idea es que se te vea el abdomen, de modo que combina unos pantalones retro cortos, bien cortos, con un top que deje la barriga al aire para conseguir ese *look* relajado dominical.

PARA IR A TRABAJAR

Elige algo atrevido y experimental para las reuniones publicitarias importantes, como los conjuntos de Carrie para ir a las oficinas de *Vogue*: un traje de rayas hecho a la medida con un cuello asimétrico, sujeto con un broche llamativo.

DE FIESTA

Una falda tutú es imprescindible si realmente quieres parecerte a Carrie cuando se viste de fiesta. También puedes probar un sencillo vestido ceñido o un *slip dress* y tejidos blancos o de tonos neutros.

LOS ZAPATOS

Con respecto al calzado, cuanto más alto, mejor. Derrocha en un par de zapatos de tacón de aguja de Manolo Blahnik, como los que Carrie adora, o en unos zapatos altísimos de Louboutin o de Jimmy Choo.

LOS ACCESORIOS

El collar con el nombre de Carrie está tan vinculado a ella que ponértelo te conecta con lo más profundo de su ser. También son esenciales los sombreros y las flores inmensas prendidas en la solapa. Es imprescindible un bolso de diseño, pero evita los cisnes con incrustaciones de Judith Leiber.

EL PEINADO

Unos rizos grandes y hermosos, con mucho volumen, son la mejor opción si quieres imitar la cabellera de Carrie en su estilo clásico. De todos modos, un cabello rizado voluminoso queda igual de fantástico cuando se alisa, sobre todo con el marco perfecto de un pañuelo de seda o una diadema.

Moda: el mayor éxito

El *look* de pasarela de Carrie en el desfile de moda benéfico. ¿Quién sino ella habría sido capaz de recogerse el cabello tan alto, usar un delineador tan grueso y combinar una chaqueta larga con tan poca ropa debajo?

Moda: el peor fracaso

El vestido recto que se pone Carrie para la boda de Bobby y Bitsy en los Hamptons, con el que parece una cortina de ducha colgada alrededor de una bañera con patas.

PARA PARECERTE A SAMANTHA

ESTILO INFORMAL

Si quieres vestir como Samantha, lo informal está prohibido. O te pones algo glamuroso y atrevido para salir o te quedas tumbada en la cama con algo muy corto o sin nada. En resumen: te vistes para matar o te vistes para follar.

PARA IR A TRABAJAR

Prueba con un traje sastre que indique poder, de un color vivo y homogéneo y con hombreras, para completar la impresión empresarial. Acompáñalo con unos tacones de vértigo y unos pendientes lujosos y prepárate para dominar la próxima reunión.

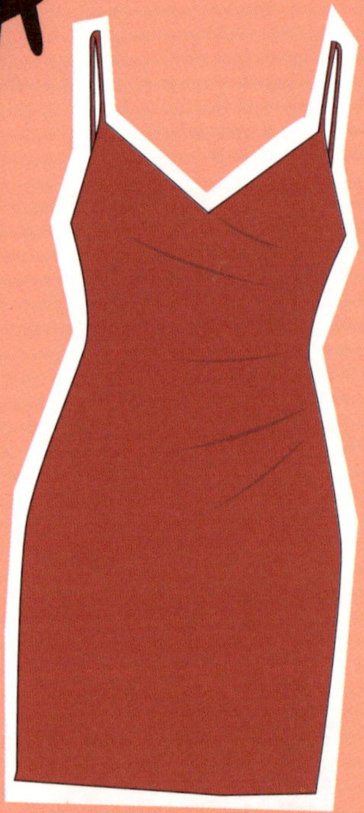

DE FIESTA

Piensa en un vestido escotado y corto que te permita lucir las piernas, de un color que llame la atención, como amarillo o rojo. El escote *halter*, que destaca los hombros esculpidos, también es imprescindible, y no te olvides del abrigo de piel sintética para subirte a la limusina cuando salgas del club.

LOS ZAPATOS

Los tacones han de ser altos –ponte unas sandalias o unos zapatos de salón de tacón de aguja de Stuart Weitzman– y los colores, vivos.

EL PEINADO

Tienes que llevar el cabello peinado a la perfección y liso. Por lo general, conviene llevarlo suelto, pero un moño de vez en cuando mantiene alerta al personal.

LOS ACCESORIOS

No te cortes en ponerte un sombrero fardón, sobre todo uno de esos de ala ancha detrás del cual no te gustaría sentarte en el cine. Lleva un bolso tan exclusivo que prácticamente tengas que decir que conoces a Lucy Liu para conseguirlo.

Moda: el mayor éxito

El vestidito rojo con el bolso de piel de leopardo que lleva cuando conoce en la calle a un hombre muy engreído es el mejor atuendo de Samantha Jones.

Moda: el peor fracaso

El mono de The New York Dolls que luce para la inauguración de Bed, un club nocturno experimental amueblado con muchas camas, donde se topa con los amigos de Berger.

PARA PARECERTE A CHARLOTTE

ESTILO INFORMAL

En esencia, lo que te pondrías para jugar al tenis en el club de campo. Imagínate unos pantalones piratas, una camiseta elegante y un jersey de un tono pastel anudado al cuello.

PARA IR A TRABAJAR

Ha de ser un *look* elegante pero serio. Prueba con vestidos y faldas clásicos, de cuello bastante cerrado. Para conseguir el efecto chic e intelectual, siempre que puedas ponte gafas para trabajar.

DE FIESTA

Elige un vestido de fiesta con volantes pero elegante, o luce las piernas con una falda corta, pero no demasiado.

LOS ZAPATOS

Prueba con unos zapatos de salón refinados o unas sandalias con tiras.

LOS ACCESORIOS

Ponte una diadema delicada en la cabeza y un anillo con un gran diamante, regalo de algún pretendiente guapo, en las manos bien arregladas.

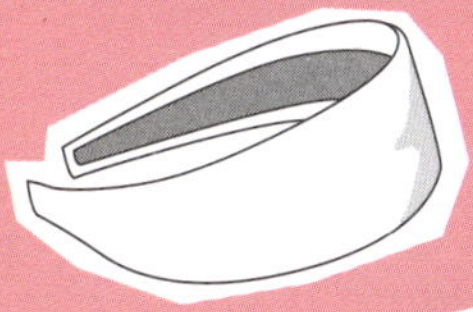

EL PEINADO

Déjate el cabello largo y brillante, aunque es mejor que no brille demasiado, por supuesto. El volumen no es tan importante: elige peinados sencillos y moños favorecedores.

Moda: el mayor éxito

El vestido Elizabeth Taylor que luce cuando se arma de valor y acude a la reunión prenatal de Miranda después de perder a su propio bebé. Es un momento decisivo para Charlotte. ¡Carne de gallina!

Moda: el peor fracaso

El modelo sin tirantes hecho con el tartán de la familia MacDougal que se pone para asistir a un baile tradicional con Trey.

PARA PARECERTE A MIRANDA

ESTILO INFORMAL

Si bien un peto y una chaqueta gruesa son una opción, permíteme que te oriente hacia un *look* informal de Miranda más atractivo: un jersey de cuello alto sin mangas con pantalones y zapatos *brogue*. Un chic informal clásico.

PARA IR A TRABAJAR

Ponle rayas diplomáticas anchas a un traje perfecto, hecho a la medida, y compleméntalo con un chaleco o una corbata estrecha.

DE FIESTA

Sal a vibrar por la noche con colores oscuros, como el infalible negro. Para un efecto un poco más picante, prueba con un simple vestido de gasa negro.

EL PEINADO

Hazte un peinado sin complicaciones: algo revuelto, si llevas el pelo muy corto, o una melena bien arreglada, si lo llevas un poco más largo.

LOS ZAPATOS

Los tacones van bien de vez en cuando, pero unas zapatillas deportivas son lo más cómodo para andar.

LOS ACCESORIOS

El cabello corto queda estupendo con un par de pendientes llamativos.

Moda: el mayor éxito

Los pantalones vaqueros que, como Miranda descubre con emoción, le siguen quedando bien después del embarazo. Orgullosa, Miranda se los pone una noche para salir y se lo pasa pipa.

Moda: el peor fracaso

Aquella vez que se puso un gorro de pescador sobre la capucha del impermeable fue inolvidable.

ME PARECE QUE TAL VEZ HAYA UNA CURVA DE ENGAÑOS: QUE LO QUE PARA ALGUIEN ES ENGAÑAR ESTÁ EN PROPORCIÓN DIRECTA CON SU INTENCIÓN DE ENGAÑAR.
YO PREFIERO CONSIDERARLO UN ENGAÑO CUÁNTICO.

¡ESO ES RELATIVISMO MORAL!

PREGUNTA (LO QUE QUIERAS) A UN PERSONAJE

¿Hay algo que te preocupa y que no sabes cómo resolver? ¿Tienes alguna pregunta crucial sobre la vida, el amor o el sexo que piensas que solo puede responder alguien de la pandilla de Sexo en Nueva York? Adelante. Ahora tienes la oportunidad de abrir tu corazón.

Querido Stanford:

No salí del armario hasta el año pasado, cuando me fui de casa para ir a la universidad. Aproveché el gran cambio como una oportunidad para reinventarme. Nunca me había sentido tan feliz. Lo malo es que cada vez que veo a los amigos que tengo en mi ciudad natal me vuelvo a meter en el armario. ¿Cómo puedo hacer para revelarles cómo soy en realidad?

– Agazapado en el armario, Cleveland (Ohio)

Stanford:

Primero de todo, te felicito por llegar a ser tú mismo y por compartirlo con tus compañeros de universidad. Has sido muy valiente y te admiro de verdad. En cuanto a los amigos de tu infancia, pienso que deben de ser algo conservadores, si aún no te has atrevido a contárselo.

Esto es lo que yo haría. En primer lugar, para tratar de no asustarlos demasiado, se lo diría en algún momento en el que todos estén relajados y en un entorno familiar. Tal vez podrías probar con una barbacoa o cuando estéis conversando entre amigos en casa. No querrás que te hagan una escena ni que nadie pierda los estribos en un espacio público (como cuando a mí se me ocurrió decírselo al conservador de mi tío en Hooters, la noche de las alitas de pollo a mitad de precio). En segundo lugar, asegúrales que eres feliz y diles lo mucho que te importa contar con su apoyo. En tercer lugar, proponles que vayan a visitarte a la universidad, para que no se sientan excluidos de tu nueva y maravillosa vida. Si son amigos de verdad, te agradecerán que se lo hayas dicho y te aceptarán.

Querida Charlotte:

Llevo casada cinco años y siento que ha desaparecido la chispa de nuestra relación. A veces me siento invisible en mi propia casa, cuando él vuelve del trabajo, coge una cerveza y enciende la televisión. ¿Cómo puedo hacer para que las cosas vuelvan a ser como cuando empezamos a vivir juntos?

– Amante desolada, Louisville (Kentucky)

Querida Samantha:

Después de una época bastante alocada cuando tenía veintipocos años, por primera vez he comenzado una relación a largo plazo. Siempre que surge el tema de las personas con las que he salido enseguida desvío la conversación, porque no quiero arruinar la idea perfecta que tiene de mí, pero cada vez que lo hago me da más la impresión de que estoy viviendo una mentira. ¿Qué debería hacer?

– Exparrandera, West Chester (Pensilvania)

Charlotte:

Es natural que en el matrimonio se pierda un poco la chispa con el tiempo, pero esto me parece inaceptable. Aunque hay que ser realistas y no pensar que todo va a seguir siendo tan romántico como el primer día, es lógico que esperes más de lo que estás recibiendo. Tratad de reservar todas las semanas un tiempo para probar juntos algo nuevo… ¡y no me refiero a un sabor nuevo de Oreo! Si no está por la labor, te recomiendo que te busques un buen abogado especializado en divorcios… y que te cases con él.

Samantha:

Déjame que te diga una cosa, hermosa: aunque tal vez tu marido te haya hecho creer que es dulce e inocente, te aseguro que él también tiene unos cuantos trapos sucios. ¿Por qué piensas que no ha tenido una etapa desenfrenada antes de conocerte? De todos modos, ¿qué más da? A nadie le importa, a menos que alguno de esos trapos reaparezca y quiera reanudar algo. Si de verdad sientes la necesidad de ser sincera, prepárate para que él también lo sea y para aceptar lo que te diga. Podría ser que el pasado de tu pareja haga que el tuyo parezca una excursión a Disney World.

Querida Miranda:

Tengo diecinueve años y ya tengo programada mi carrera para los próximos diez. Me he pasado toda la vida centrada en las calificaciones que necesito para ir la universidad, para poder conseguir el trabajo que quiero y para empezar a ascender por la escala empresarial. Lo que pasa es que últimamente me ha dado por pensar que estoy siguiendo una trayectoria inexorable y que tal vez me esté perdiendo algo.

Responsable arrepentida,
Raleigh (Carolina del Norte)

Miranda:

Comprendo muy bien cómo te sientes. Cuando yo tenía veinte y treinta años tenía un plan de cinco años, uno de diez y uno de emergencia de cien, por si los científicos encontraban la manera de volvernos inmortales y no tuviera que dejar nunca de trabajar. Da la impresión de que te estás presionando demasiado cuando aún eres muy joven. Si pudiera volver atrás, dedicaría más tiempo, a los veinte años, a disfrutar de la libertad de la que disponía entonces. Por ejemplo, allá por 1986 habría elegido hacer un viaje en primavera a Daytona en lugar de quedarme en mi colegio mayor leyendo Guerra y paz.

Querida Carrie:

Ayer entró mi madre en mi cuarto y acabó descubriendo en mi ordenador unos mensajes íntimos que intercambié con el chico con el que estoy saliendo. Algunos eran sobre sexo y me muero de vergüenza solo de pensar que tengo que volver a dar la cara en la mesa a la hora de cenar.

– Hija vergonzosa, Durham (Carolina del Norte)

Carrie:

¡Ay! Eso nos ha pasado a todas en algún momento. No hay nada más embarazoso que tener una conversación íntima y que esta llegue a oídos de la persona inadecuada. Recuerdo que una vez mi madre me oyó cuando estaba hablando por teléfono con una amiga y le contaba con todo lujo de detalles mis proezas sexuales en el asiento trasero con un tío al que conocí en un Dairy Queen. Cuando me di cuenta de que ella lo había oído, deseé que me tragara la tierra.

¿Se te ha ocurrido pensar que probablemente tu madre se siente tan violenta como tú? Va a ser difícil, pero trata de sacarlo a colación con sentido del humor, para romper la tensión. Si te parece que a tu madre no le hará gracia, pásalo por alto y espera a que desaparezca, aunque puede que te sigas despertando por la noche y lo revivas hasta que tengas cincuenta años.

Querido Anthony:

Mi pareja y yo nos vamos a casar a finales de año, pero cada vez me preocupan más los gastos. Nos seguimos saliendo del presupuesto, pero a mi novio no parece importarle. La verdad es que no veo la necesidad de pulirnos miles de dólares en un solo día de nuestras vidas. Mientras tanto, él no me habla, porque se va a gastar 5.000 dólares en un traje nuevo de diseño, mientras que yo le dije que me conformaba con ponerme uno que ya tengo. ¿Te parece que estoy siendo poco razonable?

– Prometido parco, Fort Worth (Texas)

Anthony:

¿Te has vuelto loco? Tu compañero tiene toda la razón y tú estás totalmente equivocado. Una boda es nada menos que el momento más memorable de tu vida. Cuando llegue el gran día te vas a arrepentir de tener que estar de pie al lado de tu futuro esposo, impecablemente vestido, mientras que tú das la impresión de que acaban de echarte por encima el montón de las últimas rebajas de Nordstrom Rack. Gástate el dinero ahora para que después no hablen mal de ti a tus espaldas el resto de tu vida. Créeme, porque, aunque no te conozca, te voy a quitar la piel a tiras delante de todo el mundo por este asunto.

PUEDE QUE SEAN NUESTROS ERRORES LOS QUE CONSTRUYEN NUESTRO DESTINO. SIN ELLOS, ¿QUÉ DARÍA FORMA A NUESTRA VIDA? TAL VEZ, SI NUNCA NOS DESVIÁRAMOS DE NUESTRO CAMINO, JAMÁS NOS ENAMORARÍAMOS, NO TENDRÍAMOS HIJOS NI SERÍAMOS LO QUE SOMOS. DESPUÉS DE TODO, LAS ESTACIONES CAMBIAN Y LAS CIUDADES TAMBIÉN. LA GENTE ENTRA Y SALE DE TU VIDA. SIN EMBARGO, RECONFORTA SABER QUE NUESTROS SERES QUERIDOS SIEMPRE ESTÁN EN NUESTRO CORAZÓN Y QUE, SI TENEMOS SUERTE, SOLO NOS SEPARA DE ELLOS UN TRAYECTO EN AVIÓN.

LOS DIEZ MEJORES EPISODIOS

Aunque elegir un episodio favorito de* Sexo en Nueva York *es casi imposible, estos son algunos capítulos particularmente emblemáticos que ningún fan puede dejar de ver… y quizá hasta te entran ganas de volver a ver toda la serie.

Temporada 1, episodio 9: «La liebre y la tortuga»

Este es el episodio de la primera temporada de *Sexo en Nueva York* que más dio que hablar y también el responsable del furor por los célebres vibradores con forma de conejo de finales de la década de 1990.

Las amigas van a la «típica boda de 100.000 dólares» de una diseñadora de interiores, Brooke, con Alan, un hombre que da la impresión de ser mayor, tener menos pelo y ser mucho menos interesante que los pretendientes de la lista A con los que Brooke había salido hasta entonces. El sencillo consejo que Brooke les da con respecto al matrimonio es que «es bueno casarse con alguien que te quiere más que tú a él».

En la fiesta, las chicas se encuentran en la mesa de solteros con un montón de bichos raros, como Bernie Turtletaub, más conocido como «el Tortuga», famoso en toda la ciudad por sus buenas inversiones y su mal aliento. Samantha decide hacerse cargo de él como su proyecto definitivo de relaciones públicas, pero, a pesar de que lo engalana de Helmut Lang de los pies a la cabeza, se da cuenta de que, aunque la mona se vista de seda, mona se queda.

Mientras tanto, Miranda descubre un nuevo vibrador espectacular llamado «el conejo» y declara que los hombres están obsoletos. Charlotte se horroriza y dice que ningún vibrador puede sustituir a un hombre, pero no parece tan horrorizada cuando van a un *sex shop* después del *brunch* y se compra un «conejo» para ella.

No tarda en quedarse tan prendada que acaba atrincherándose en su piso y dejando de lado la vida social para dedicarle más tiempo. Al final, Carrie y Miranda intervienen y se lo confiscan para que Charlotte pueda volver a la realidad.

Temporada 2, episodio 18: «La ex de Nueva York»

Este episodio típico está salpicado de temas equinos y alusiones a los caballos, pero acaba siendo uno de los más sinceros de la serie hasta entonces. También es un momento decisivo en la historia de Big y Carrie, cuando ella por fin acepta por qué no pueden estar juntos.

El episodio empieza cuando Samantha aprende lo que es realmente el volumen cuando se enrolla con un hombre tan bien dotado como un Clydesdale. En una historia más inocente en Central Park, Charlotte entabla amistad con un corcel y recupera la confianza que perdió al caerse del adorado caballo de su infancia.

Mientras tanto, en la zona de amistad al otro lado de la ciudad, Carrie y Big se encuentran para comer. Big reconoce que él y Natasha se van a casar y Carrie se sorprende tanto que se marcha furiosa. Pocos días después recibe una invitación a su fiesta de compromiso y se promete no asistir.

Cuando llega el día de la fiesta, Carrie se acerca al Plaza, donde se acaba de celebrar el *brunch* de compromiso de Big y Natasha. Cuando Carrie le pregunta por qué no la ha elegido a ella, él le dice que todo se volvió muy difícil, lo que implica que Natasha es fácil. Mientras Carrie se aleja, se topa con un hombre que trata de controlar a una yegua que se resiste violentamente a que le pongan el freno. En un momento de lucidez, Carrie se da cuenta de que Big renunció a ella porque era una mujer que jamás podría ser domesticada.

Temporada 3, episodio 9: «Unos vienen, otros van»

Este episodio decisivo dividió, sin duda, a los espectadores entre fans de Big y fans de Aidan, cuando Carrie comete la máxima traición y engaña al confiado Aidan, después de que Big le confiese que su matrimonio no va bien.

Cuando descubre que Big y Natasha no son felices, Carrie se siente dichosa de estar ganándole a su ex en el concurso de «¿quién morirá de tristeza?». Por otra parte, no puede evitar sentirse atraída por la inminente soltería de Big y –¿quién lo iba a decir?– pocos días después acaba en la cama con él y comienza a engañar a Aidan.

Miranda y Steve han roto y Steve se pone a buscar un lugar donde mudarse. Miranda lo ayuda, pero todo lo que encuentran es espantoso. Ella siente pánico al encontrar el mensaje de una desconocida para Steve en el contestador que comparten.

Charlotte va a conocer a la madre de Trey, Bunny, la matriarca del clan MacDougal, y no le pasa desapercibido que ella controla absolutamente a Trey. Después, durante la cena, Charlotte tantea el terreno y propone que se casen. Resulta que Trey también está dispuesto a obedecer las órdenes de Charlotte y se comprometen de la forma menos romántica posible.

Mientras tanto, Samantha empieza a salir con Adam, que es editor cinematográfico, y resulta que «le sabe rarísimo el semen». Preocupada por que sea una cuestión de nutrición, le hace tomar zumos de hierba de trigo, pero en vano. Al final, Samantha le habla a Adam del problema, pero él no la cree hasta que ella lo convence para que lo pruebe.

Temporada 3, episodio 13: «Huida de Nueva York»

Una lista de los mejores episodios de *Sexo en Nueva York* no estaría completa sin un viaje a Los Ángeles. Aquí encontramos las típicas escenas divertidas del «pez fuera del agua», cuando tres neoyorquinas aterrizan en Los Ángeles, un mundo para no fumadores, lleno de *smoothies* veganos y de modelos que quieren ser poetas. Si añadimos un argumento secundario con un consolador descarado, tenemos la receta para uno de los mejores capítulos de la serie.

En este episodio Carrie tiene que viajar a la costa oeste para hablar de la posibilidad de que se haga una película basada en su columna, y Miranda y Samantha la acompañan. Después de enterarse de que solo les han reservado dos habitaciones en lugar de tres y –peor aún– de que la han alojado en una planta para no fumadores, Carrie va a ver a Matthew McConaughey a su estudio para hablar de negocios.

Mientras tanto, en Manhattan, Charlotte hace todo lo posible por llamar la atención de Trey, que parece más interesado en enviar notas de agradecimiento por los regalos de la boda que en acostarse con la esposa con la que se acaba de casar.

Charlotte se pregunta si se trata solo de un problema físico e inventa un experimento para poner a prueba su teoría. Después de pegar una tirada de sellos adhesivos sobre el miembro dormido de Trey, a la mañana siguiente al principio se entusiasma al ver que los sellos se han roto, pero su alegría no tarda en desaparecer cuando advierte que, si el problema no es físico, tiene que ser emocional y, por consiguiente, tal vez tenga algo que ver con ella.

Mientras tanto, Samantha asiste a una fiesta de lanzamiento de juguetes sexuales y acaba conociendo al pene perfecto en forma de un modelo para consoladores y aspirante a poeta, Garth. En la cama es genial, pero Samantha no sabe qué hacer con su faceta más sensible. Cuando ya no puede soportar más versos sinceros sobre sentimientos masculinos se dirige a la salida, no sin antes llevarse una réplica perfecta en silicona de su rasgo más destacado.

Temporada 4, episodio 10: «Las bellas de las pelotas»

En este episodio clásico vemos a Aidan y a Big hacer las paces y comienza la saga de Samantha y Richard. También es fundamental para Miranda y Steve, ya que incluye la concepción de su hijo, Brady.

Steve acaba de perder un testículo como consecuencia de su tratamiento oncológico y se pregunta quién va a querer acostarse con un tío que tiene un solo cojón. Como respuesta, Miranda, compasiva, se acuesta con él.

Samantha concierta una entrevista con Richard Wright, un hostelero próspero con el que espera trabajar como relaciones públicas. Cuando se da cuenta de que le va a encargar el trabajo a un competidor del sexo masculino, pide otra entrevista y Richard le dice que no la va a contratar porque ella se ha acostado con medio Manhattan. Samantha le echa el rapapolvo de su vida y él se queda tan impresionado que al día siguiente la contrata.

Carrie y Aidan por fin consiguen que la relación funcione y se están llevando bien. Cuando viajan a la cabaña que él tiene en el campo, Big se invita a acompañarlos para poder desahogarse con Carrie sobre su reciente ruptura.

Cuando Big llega, abatido, fumando, y se refugia en su coche, donde escucha sin parar «New York State of Mind», Carrie lo convence para que entre. Aidan se molesta –es comprensible–, pero se compadece y deja que Big diga chorradas sobre su desgracia mientras beben dos botellas de vino tinto. Big se emborracha y no puede conducir, de modo que acaba durmiendo en el sofá. A la mañana siguiente, a Aidan se le agota la paciencia y terminan en el suelo, en una pelea física, hasta que Pete, el perro de Aidan, muerde a Big en el trasero. Enseguida hacen las paces y el episodio finaliza con el bueno de Aidan compadeciéndose de Big por su desengaño amoroso.

Temporada 4, episodio 12: «Di sí»

TAL VEZ NO HAYA MOMENTOS ADECUADOS, HOMBRES ADECUADOS NI RESPUESTAS ADECUADAS... A LO MEJOR BASTA, SIMPLEMENTE, CON DECIR LO QUE UNO SIENTE.

Este episodio emblemático contiene nada menos que dos proposiciones de matrimonio, dos decisiones tremendas y un anillo de compromiso espantoso. El capítulo supone un momento decisivo en la relación entre Miranda y Steve y siembra entre el público la semilla de la duda acerca del futuro de la relación entre Carrie y Aidan.

Carrie cambia de lugar la ropa de Aidan mientras él está en la ducha y descubre un joyero que contiene un anillo con un diamante en forma de pera que le da repelús y enseguida se pone a vomitar en el fregadero. Durante el *brunch*, Miranda reconoce que ha acompañado a Aidan a elegir aquel anillo tan poco atractivo. Cuando Carrie vuelve a buscar el anillo, descubre que ha desaparecido.

Mientras tanto, se crea una situación incómoda cuando Miranda y Steve se encuentran en el parque para tomar un helado y ella le dice que está embarazada y que él es el padre. Enseguida le aclara que ella se va a hacer cargo de todo, pero que Steve puede ir de visita siempre que quiera.

Carrie y Aidan salen a cenar y ella se vuelve a poner como loca, pensando que él está a punto de declarársele. Cuando resulta que no está buscando un anillo, sino la cartera, Carrie se siente aliviada. Después, cuando ella se pregunta si lo va a hacer o no, él se hinca de rodillas y le muestra otro anillo, más adecuado para Carrie, que ha elegido Samantha. A pesar de sus recelos, Carrie dice que sí.

Al otro lado de la ciudad, Steve llega al piso de Miranda con el dichoso anillo en forma de pera que ella ha elegido. Miranda se sorprende y le pregunta si ha perdido la chaveta, pero él dice que quiere ser partícipe de la vida de su hijo. Reconocen que no están enamorados el uno del otro, pero que compartirán la crianza del niño, una situación que les va bien a los dos.

Temporada 5, episodio 7: «El gran viaje»

SI ESTUVIERAS EN LA CAMA CONMIGO, NO PODRÍA QUITARTE LAS MANOS DE ENCIMA.

Este episodio memorable tiene dos características que lo hacen especial: el inolvidable y espantoso viaje transcontinental en tren de Carrie y Samantha y el comienzo poco convencional de la relación afectiva entre Charlotte y Harry.

Carrie decide ir en tren a San Francisco y convence a Samantha para que la acompañe. Quiere sorprender a Big en Napa y espera que puedan ser «amigos con derechos». Cuando suben al tren, a las dos les llama la atención lo elemental de su compartimento. Mientras Carrie piensa en lavarse la cabeza de pie en el váter, Samantha sugiere que vayan al vagón bar, donde las desilusiona la oferta masculina. Como si esto fuera poco, Carrie tiene que lidiar con un grano inmenso que le ha salido en la barbilla.

Mientras tanto, en Manhattan, Charlotte se plantea vender su piso. Harry la lleva a ver el piso de soltero de un amigo suyo, que está en venta. En medio de la decoración demasiado masculina y del sonido ambiente, Harry le dice que es la mujer más sexi que ha conocido y que se vuelve loco cada vez que ella pronuncia su nombre. Charlotte se queda atónita un instante, pero acaban en la cama.

El infernal viaje en tren acaba por fin, y Carrie llega a tiempo a la presentación de su libro. Big se le adelanta y le da la sorpresa apareciendo entre el público. A pesar de la duda inicial, Big decide darle lo que ella quiere cuando regresan al hotel, con la excusa de que eso le proporcionará material para su próximo libro.

Temporada 5, episodio 8: «Me encantan las charadas»

A todos nos gustan los episodios de *Sexo en Nueva York* que transcurren en los Hamptons, pero este encierra tanto dramatismo y tantos momentos estrafalarios que es uno de los favoritos de los fans.

Las chicas van a los Hamptons para asistir a la boda del cantante de salón Bobby Fine con su novia, Bitsy von Muffling. Para resolver la cuestión de dónde alojarse, la sagaz Samantha decide pedirle un favor a Richard, pensando que le debe una después de haberla engañado.

No obstante, cuando las damas se han instalado en la mansión en la playa aparecen tres señoritas ligeras de ropa que se quedan dando vueltas cerca de la piscina. Cuando se quitan el sujetador del biquini delante de sus invitadas, Samantha se enfurece. Sin embargo, lo más angustiante que se ve junto a la piscina es la espalda recién depilada de Harry, cubierta de espantosas marcas rojas.

Samantha decide pedirles a «esas zorras de la piscina» que se larguen. Se ponen a discutir y, para burlarse de sus pechos de silicona, Samantha se pone un par de melones. Cuando una de las chicas sugiere que tal vez Richard seguiría con ella si Samantha tuviera unos melones como los suyos, ella pierde la calma y les arroja un melón. Falla y, en cambio, destroza una inmensa ventana de cristal.

Entonces ocurre algo aún más sorprendente que el incidente de la ventana: Charlotte le confiesa a Harry que se está enamorando de él. Aunque él siente lo mismo por ella, la deja boquiabierta cuando le dice que solo se puede casar con una judía.

Temporada 6, episodio 13: «Hágase la luz»

Este episodio es fundamental para los fans, porque representa un nuevo comienzo para Miranda y Steve y también un momento decisivo para Samantha y Smith.

Surgen problemas en el paraíso para Miranda, cuando Steve se muda al mismo edificio y no paran de cruzarse en el vestíbulo con Robert, con quien ella acaba de romper. Como es de esperar, Robert tiene una actitud bastante hostil hacia ellos, pero Miranda lo justifica ante Steve, diciendo que le parece que estaba muy enamorado de ella.

Cuando destrozan los objetos que Steve ha dejado en la entrada, el principal sospechoso es el desconsolado Robert. Steve sube para enfrentarse con él y descubre que está a punto de superar lo de Miranda con otra mujer. Cuando regresa a su apartamento, el bueno de Steve protege el ego de Miranda para que siga creyendo que Robert aún suspira por ella.

Mientras tanto, en el Meatpacking District, la relación entre Samantha y Smith se pone a prueba cuando invitan a este a una fiesta «para los 30 mejores de menos de 30» organizada por Richard Wright. Cuando Samantha y Richard deciden irse con la música a otra parte, Smith los ve y se enfrenta a Samantha, que le dice: «Ve a jugar con tus amigos y yo jugaré con los míos».

Cuando está en plena faena con Richard, Samantha se da cuenta de lo que ha hecho. Después, Smith, que ha estado esperándola fuera, se le encara y le dice que solo quería asegurarse de que ella llegara bien a casa. Samantha le dice que se odia por lo que le ha hecho y, por primera vez, lo valora como él se merece.

Temporada 6, episodio 20: «Una americana en París (2.ª parte)»

Este es el último capítulo de *Sexo en Nueva York*, ¡conque prepara la caja de pañuelos de papel! Si bien el episodio se centra en los esfuerzos de Carrie en París, Miranda, Samantha y Charlotte también pasan por momentos trascendentales en sus vidas.

En París, Carrie es desdichada con Aleksandr, que parece estar ocupado las veinticuatro horas del día. Una Carrie solitaria deambula por las calles de la ciudad y echa muchísimo de menos a sus amigas. La situación llega al colmo cuando Carrie se enfrenta a Aleksandr y rompen la relación. En el calor de la discusión, Aleksandr le da una bofetada y Carrie baja corriendo y ¿a quién se encuentra en el vestíbulo sino al mismísimo Big, que se encarga de llevársela de vuelta a Nueva York después de darse cuenta, por fin, de que no puede vivir sin ella?

Mientras tanto, en Manhattan, Miranda y Steve afrontan una nueva vida: se hacen cargo de la madre de Steve, que está enferma y se ha ido a vivir con ellos tras sufrir un ataque al corazón. Después de todas las dificultades que han tenido Charlotte y Harry para concebir, reciben la maravillosa noticia de que pueden adoptar a un bebé: Lily. El amor de Samantha y Smith se intensifica cuando él regresa anticipadamente de rodar en Canadá para decirle que la ama y, como es el caballero perfecto, la ayuda a superar la pérdida de su libido como efecto secundario de la quimioterapia.

El episodio acaba con el regreso a Nueva York de Carrie, que reflexiona sobre la felicidad que acaba de descubrir y la de sus amigas más íntimas. Carrie y Big por fin están juntos y todo es como debe ser. Carrie sorprende a sus mejores amigas cuando se presenta al *brunch* sin avisar.

DOS DÉCADAS DESPUÉS: EL LEGADO DE *SEXO EN NUEVA YORK*

Más de veinte años después de la primera emisión de *Sexo en Nueva York*, su influencia en la televisión moderna y en la manera en la que se presenta a las mujeres en la pantalla es indiscutible. La serie cambió para siempre el paisaje televisivo presentando al público en general un contenido sincero y descarnado sobre el sexo y sobre ligar, y mostró a las mujeres solteras de más de treinta años de una manera diferente a la de otros programas de televisión de la época. Aunque algunos hombres se escandalizaron al ver a las mujeres hablando con tanta franqueza sobre el sexo durante el *brunch*, mujeres de todo el mundo se reconocieron en ellas.

Aunque los argumentos giraban en torno a cuatro mujeres prósperas que vivían en Manhattan, la genialidad de la serie consistía en que muchas de las historias tenían que ver con todas nosotras. Todas somos la Carrie que se debate entre el hombre que necesita y el que en realidad quiere, como todas somos la Miranda que tira a la basura el pastel de chocolate y después tiene que echarle agua por encima para que dejemos de comerlo. Eran argumentos familiares y cercanos que tenían que ver con el engaño, la disfunción sexual y con que un hombre al que no soportamos nos pegue la clamidia. También se exploraban temas más sombríos, como la infertilidad, el aborto, el cáncer y la muerte. A pesar de que a veces las historias eran algo estrambóticas, la serie también hacía gala de buen corazón, como cuando Miranda se hace cargo de la madre de Steve, que está enferma, y cuando todas rodean a Carrie para protegerla cuando Big le da un plantón delante del altar.

Si bien nos identificamos con los personajes principales y nos caen bien, no se puede decir que fueran modelos en todas las situaciones y nunca se presentaron como perfectas. Hasta Charlotte, que era un dechado de virtudes, engañó a su marido con el jardinero. Aunque se suele representar a Carrie como una antiheroína por tomar decisiones que los espectadores consideraban egocéntricas o totalmente equivocadas, al menos rompía la monótona tradición televisiva de la protagonista femenina como eje moral del programa.

No podemos por menos de mencionar algunos de los aspectos más lamentables de *Sexo en Nueva York*, que harían que la serie no llegara a emitirse si se rodara en la actualidad. Como en muchos programas de televisión de aquella época, predominaban lo heterosexual y lo blanco blanquísimo. Desde las primeras emisiones, algunas de las historias de la serie han sido muy criticadas por su transfobia, por convertir en fetiches a los hombres negros y por representar la historia lesbiana más torpe y cargada de clichés del mundo, cuando Samantha se enrolla con Maria.

Aunque en retrospectiva la serie presenta aspectos deplorables, no cabe duda de que fue pionera en su momento y preparó el terreno para otros proyectos centrados en las mujeres y en el sexo, como *Girls*, *The Bold Type*, *Gossip Girl* y *Girlfriends*.

Puede que el legado de *Sexo en Nueva York* sea lo que nos enseñó la importancia de lo que ocurre en nuestra vida al margen de nuestras relaciones sentimentales. Si bien no cabe duda de que las protagonistas se concentraban en buscar el amor, también triunfaban en sus carreras, tenían una vida social intensa y, sobre todo, compartían una gran amistad. La serie nos demostró que no solo se puede sobrevivir a ser soltera y tener más de treinta años, sino que en realidad es fantástico.

EL GRAN CUESTIONARIO SOBRE SEXO EN NUEVA YORK

¿Te consideras una autoridad en Big contra Aidan? ¿Puedes enumerar a todos los hombres con los que se ha acostado Samantha? ¿Conoces todos los detalles, desde quién diseñó el traje de novia de Charlotte hasta qué número calza Carrie?

Vamos a ver si eres una auténtica experta. ¡Manos a la obra!

1. Cuando Carrie necesita un préstamo para comprar su apartamento, ¿cuánto calcula Miranda que se ha gastado en zapatos?

2. ¿Cómo se llama el modelo para consoladores y poeta aficionado con el que se enrolla Samantha en Los Ángeles?

3. ¿Cómo se llama la mujer con la que Samantha mantiene una breve relación?

4. ¿A qué ciudad viajan en tren Carrie y Samantha?

5. ¿Con quién empieza a salir Carrie después de conocerlo durante una *performance* en la cual una mujer vive dieciséis días sobre una plataforma?

6. ¿Cómo se llama la perra de Charlotte y Harry?

7. ¿Cómo se llama la madre de Trey?

8. ¿A qué se dedica Stanford?

9. ¿Cuál es el cóctel emblemático de la serie?

10. ¿Qué personaje de *Sexo en Nueva York* se contagia de clamidia?

11. ¿Cómo llama Miranda a su gato?

12. ¿Qué hay escrito en la galleta gigante que Robert le compra a Miranda?

13. ¿Cómo se llama la serie romántica que Miranda mira con entusiasmo por TiVo?

14. ¿Dónde compran una casa juntos Miranda y Steve?

15. ¿Cómo se llama el restaurante donde Samantha ve a Smith por primera vez?

16 ¿Adónde se muda Samantha cuando se marcha, avergonzada, del edificio de apartamentos del Upper East Side?

17 ¿Quién es la fiestera neoyorquina que se precipita por la ventana de un rascacielos cuando se está fumando un cigarrillo?

18 ¿Qué actor propone la idea de interpretar a Big en una película de *Sexo en Nueva York* cuando Carrie va a Los Ángeles?

19 ¿A qué zona de California se traslada Big cuando se marcha de Nueva York?

20 ¿Qué arroja Samantha por una ventana cuando se enfurece con las «zorras de la piscina» en los Hamptons?

RESPUESTAS:

1. 40.000 dólares
2. Garth
3. Maria
4. San Francisco
5. Aleksandr Petrovsky
6. *Elizabeth Taylor*
7. Bunny
8. Representante artístico
9. Cosmopolitan
10. Miranda
11. *Fatty*
12. «Te quiero»
13. *Jules & Mimi*
14. Brooklyn
15. Raw
16. Meatpacking District
17. Lexi Featherston
18. Matthew McConaughey
19. Valle de Napa
20. Un melón

RESULTADOS:

0-5

PERO, VAMOS A VER...

Sigue directamente hasta Brooklyn, no pases por la salida y no cobres 200 dólares. Da la impresión de que no te has pasado las dos últimas décadas aprovechando cualquier oportunidad para ver *Sexo en Nueva York*. Tómate vacaciones el resto de la semana y empieza a ver toda la serie desde el principio.

11-15

NIVEL AFICIONADO

Conoces bastante bien la colección de zapatos de Carrie y recuerdas el nombre de tres de cada cuatro hombres con los que se ha acostado Samantha. Si fuera necesario, podrías poner la mesa para una cena en el apartamento de Charlotte. Si vuelves a ver la serie, podrías bordar el cuestionario.

6-10

NIVEL PRINCIPIANTE

Me parece que has visto episodios sueltos a lo largo de los años, pero que no has visto toda la serie de principio a fin. Te recomiendo que la veas completa antes de volver a responder el cuestionario.

16-20

NIVEL EXPERTO

¿Acaso vives dentro del bolso de Carrie Bradshaw? ¿La colección de cajas de DVD de *Sexo en Nueva York* forma una pared maestra de tu apartamento? Enhorabuena: ¡lo sabes todo sobre la serie! Tómate el resto del día libre para salir a comprar zapatos.

TAL VEZ NO SE PAREZCA
A LO QUE ESPERABAS CUANDO
ESTABAS EN SECUNDARIA,
PERO ES IMPORTANTE QUE
RECUERDES QUE EL AMOR ES
POSIBLE. TODO ES POSIBLE.
ESTO ES NUEVA YORK.

Título original: *I Couldn't Help but Wonder…*
The Unofficial Fan's Guide to «Sex and the City»

Edición original de Smith Street Books, Melbourne, 2021

Lunwerg es un sello editorial de Editorial Planeta, S. A.
Avenida Diagonal, 662-664 - 08034 Barcelona
Calle Juan Ignacio Luca de Tena, 17 - 28027 Madrid
lunwerg@lunwerg.com
www.lunwerg.com
www.instagram.com/lunwerg
www.facebook.com/lunwerg
www.twitter.com/Lunwerglibros

Primera edición: marzo de 2021
ISBN: 978-84-18260-41-4
Depósito legal: B. 20.413-2020
Imprime: Liberdúplex

Impreso en España

El papel utilizado para la impresión de este libro es cien por cien libre de cloro y está calificado como papel ecológico.